LA

RICHESSE MINÉRALE

DE LA FRANCE

LA

RICHESSE MINÉRALE

DE LA FRANCE

PAR

L. SIMONIN

(EXTRAIT DE LA *REVUE NATIONALE*.)

PARIS
IMPRIMERIE DE P.-A. BOURDIER ET Cie
6, RUE DES POITEVINS, 6

1865

La terre végétale et les mines, comme l'ont dit les savants auteurs de la carte géologique de France, MM. Dufrénoy et Élie de Beaumont, sont les deux principales sources de la richesse territoriale. On ne saurait évaluer en effet le degré de prospérité matérielle d'un pays sans tenir compte de ces deux éléments. On peut même dire que l'agriculture et l'art des mines, qui est lui aussi une culture particulière du sol, en créant les matières premières, permettent seuls à l'industrie et au commerce de se développer. Sans eux, il n'y aurait pas d'échanges possibles et par conséquent pas de vie internationale. L'art des mines, en produisant les métaux précieux, fournit de plus au commerce la véritable base des échanges : l'or et l'argent, la monnaie. Aussi, à toutes les époques, la richesse minérale d'une nation a-t-elle joué un grand rôle dans son histoire. Si Rome fait la guerre à Carthage, ce n'est pas seulement pour lui disputer l'empire de la mer, c'est aussi pour s'emparer des mines d'or et d'argent de l'Espagne et de la Sardaigne. Les attaques répétées de Rome contre la Grèce et la Macédoine sont en partie dictées par un mobile analogue, ainsi que les historiens nous l'affirment. Au seizième siècle, les placers de l'Amérique attirent seuls les Espagnols vers le Nouveau-Monde, et de nos jours, c'est surtout la découverte des *diggings* et des *gold-fields* qui a permis de coloniser la Californie et l'Australie.

La France n'offre rien, dans ses annales minéralogiques, qui lui vaille une pareille célébrité; mais elle est dignement entrée, depuis le commencement de ce siècle, dans le courant industriel qui entraîne toutes les sociétés de l'Europe moderne, et qui a surtout pour base l'exploitation des mines. On peut dire que la France tient glorieusement sa place dans ce mouvement qui caractérise notre époque, si bien qu'il n'est plus permis à aucun de nous d'ignorer tous les progrès récents de notre industrie minérale. Depuis cinquante ans, l'extraction de la houille et la fabrication du fer se sont développées dans notre pays, comme du reste dans la plupart des États européens, suivant une progression des plus rapides. La production des autres métaux, jadis si prospère, a été malheureusement négligée, et c'est encore par celle de la houille et du fer, ces deux grands leviers de l'industrie et de la puissance politique des États modernes, que nous tenons surtout notre rang parmi les nations productrices de l'Europe. C'est donc par ce côté si plein d'intérêt qu'il convient de commencer l'étude de notre richesse minérale.

I

LA HOUILLE.

Quand on jette un coup d'œil sur la carte géologique de France, cet admirable monument élevé par nos ingénieurs des mines à l'industrie nationale, on remarque au nord, au centre et au midi, et surtout disséminées autour d'une ligne méridienne qui passe environ à cent kilomètres à droite de celle de Paris, une série de taches noires irrégulièrement délimitées. Ces taches, à la teinte conventionnelle, sont l'exacte représentation graphique de nos bassins houillers. Si nous lisons les noms gravés en regard, nous y retrouvons plus d'une localité connue et depuis longtemps parmi nous populaire. Ce sont, dans le midi, Alais, la Grand'Combe et Bességes; au centre, Saint-Étienne et Rive-de-Gier, les plus productives de nos houillères; puis le Creusot, Blanzy et Épinac; au nord enfin, Valenciennes, où se rencontrent les mines de Denain et d'Anzin, marchant de pair avec celles de la Loire, et formant le prolongement du riche bassin de Mons et de Charleroi qui fait la fortune de la Belgique.

A gauche des bassins précités s'en trouvent d'autres presqu'aussi importants : Aubin dans l'Aveyron, Commentry dans l'Allier; puis çà et là des gîtes qui tiennent encore une assez large place dans notre production houillère : les bassins d'Aix dans les Bouches-du-Rhône, de Carmaux dans le Tarn, de Brassac dans le Puy-de-Dôme et la Haute-Loire, de Decize dans la Nièvre, de Graissessac dans l'Hérault, de Ronchamp dans la Haute-Saône, du Drac dans l'Isère. N'oublions pas non plus les bassins du Maine et de la Basse-Loire, enfin celui de la Sarre dans la Moselle, où vient finir souterrainement le fertile bassin de Sarrebruck dont s'enorgueillissent à juste titre la Bavière et la Prusse rhénanes.

Tous ces gites, avec quelques autres beaucoup plus modestes et qui n'ont qu'une importance purement locale, tels que Littry dans le Calvados, Vouvant dans la Vendée, Fins dans l'Allier, Ahun dans la Creuse, Bouxwiller dans le Bas-Rhin, etc., etc., composent le bilan de nos bassins houillers. Ces bassins, on le voit, sont fort irrégulièrement répartis sur notre territoire; ils n'ont qu'une faible étendue relative, on le devine par leur nombre même, et ils ne sauraient être comparés en aucune façon à ces inépuisables gîtes dont la nature a doté quelques pays privilégiés, la Belgique, l'Angleterre, la Prusse et surtout l'Amérique du Nord. Là-bas, tous les avantages réunis se rencontrent : le nombre et l'épaisseur des couches de combustible, le peu de profondeur de ces couches au-dessous du sol, l'étendue superficielle des gîtes partout beaucoup plus considérable qu'en France, excepté en Belgique, la facilité d'extraction et des transports, la certitude de débouchés presqu'indéfinis, l'absence de toute entrave administrative. Chez nous tous les inconvénients contraires pèsent sur cette industrie, et cependant, tant est grande l'activité et la souplesse de l'esprit national, tant le besoin et l'intérêt créent de ressources et permettent de surmonter d'obstacles, que nous n'avons rien à redouter, pour l'exploitation économique ou technique de nos mines de houille, d'un parallèle avec les nations rivales. Les faits ont même démontré que, pour l'excellence et l'ingéniosité des méthodes, la priorité nous était acquise. C'est là une assertion désormais hors de doute, à laquelle ont suffisamment répondu des enquêtes privées ou officielles conduites en dehors de tout parti pris.

Celui qui n'est jamais descendu dans une houillère, s'est-il quelquefois demandé tout ce que le mineur devait déployer de patience, de courage et d'intelligence pour résister victorieusement à tous les éléments conjurés contre lui? Aux eaux qui font de tous côtés irruption, il sait opposer des pompes gigantesques mues par la vapeur, d'une force qui atteint jusqu'à six et huit cents chevaux; ou bien des galeries d'écoulement, énormes drains, d'une longueur qui dépasse en quelques circonstances celle de nos plus longs tunnels, cinq et six kilomètres. Ces galeries, comme on le voit dans quelques mines anglaises, sont parfois transformées en véritables canaux, et servent ainsi au transport souterrain de la houille en même temps qu'à l'épuisement des eaux. Aux éboulements qui le menacent de tous côtés, le mineur résiste par des boisages ou des muraillements savamment établis; aux gaz inflammables et explosifs, il oppose le treillis métallique de la lampe de Davy; aux incendies spontanés qui s'allument au milieu du charbon, des barrages qui limitent le feu; aux amas d'eau, aux lacs souterrains, des digues qui les arrêtent; enfin, au manque d'air respirable, ou à la présence de gaz pernicieux, dans le dédale inextricable où il s'enfonce et circule, le houilleur répond par les machines soufflantes les plus variées et les plus ingénieuses. Pour tirer d'un puits vertical le plus de charbon possible à la fois, et satisfaire dans un temps donné à toutes les demandes des consommateurs, il a imaginé les engins les plus curieux, les mieux disposés, installé les plus fortes machines, si bien qu'aujourd'hui il n'est pas rare de voir sortir d'une seule *fosse* jusqu'à mille tonnes de houille par vingt-quatre heures, soit un million de kilogrammes!

A mesure que les travaux gagnent en profondeur, le temps que mettent les hommes à descendre et à remonter a été heureusement diminué au moyen de machines à double oscillation, véritables échelles mouvantes, dites *warocquères, fahrkunst* ou *men engines*, portant les hommes jusque dans les chantiers les plus bas, et les ramenant au dehors sans la moindre peine. Ainsi ont disparu les anémies si fréquentes chez les mineurs qui descendaient et remontaient chaque jour par des échelles fixes de quatre cents mètres et plus de hauteur, dignes d'être comparées à l'échelle de Jacob. Incessants sont les progrès réalisés par l'industrie houillère. N'est-ce pas à elle que nous devons les premières machines à vapeur et les premiers chemins de fer? Pourquoi faut-il que, dans la plupart des cas, les travaux de nos mineurs demeurent obscurs et inconnus, et que nos mineurs eux-mêmes, ces braves et infatigables soldats des souterrains, non moins patients et courageux que leurs confrères de l'armée, n'attirent l'attention du public que lorsqu'un lamentable accident vient épouvanter toute une population et jeter des centaines de familles dans le deuil!

L'historique de nos principales houillères ne saurait être passé sous silence, car il est fécond en enseignements. Nous devons faire remarquer d'abord, d'une manière générale, que sur la plupart des bassins carbonifères les couches de combustible semblent avoir été connues de tout temps. Elles affleurent à la surface du sol, dans les champs, aux flancs des collines, et sur les talus des tranchées ouvertes pour donner passage aux routes. Les Romains eux-mêmes ont mis à nu quelques-unes de ces couches de houille dans l'exécution de leurs grands travaux hydrauliques. Ainsi ce fait s'est présenté dans la Loire et dans le Var, non loin de Fréjus; mais les maîtres du monde ne paraissent pas avoir vu dans le charbon minéral autre chose qu'une pierre noire, s'allumant au feu, et y dégageant une odeur bitumineuse. Pendant le moyen âge, c'est au plus si quelques forgerons daignent recourir à ce combustible; les foyers domestiques eux-mêmes répugnent à l'employer. Le moment n'est pas encore venu du déboisement des forêts et de la transformation radicale que les sociétés subiront par l'avénement de l'industrie. Mais vienne le dix-neuvième siècle, et tout à coup un essor sans égal est donné aux exploitations houillères. La modification profonde que les procédés anglais, si vite adoptés chez nous, apportent alors dans la fabrication du fer, en substituant la houille au charbon de bois, est la principale cause du développement subit imprimé aux mines de charbon. L'introduction du combustible minéral dans la fabrication du verre, des glaces, de la porcelaine, des briques, de la chaux et du ciment; l'usage jusqu'ici exclusif qu'on en fait pour la préparation du gaz d'éclairage, en même temps qu'il est d'un emploi presque absolu dans le chauffage des machines à vapeur : machines fixes, machines de bateau, machines locomotives ou locomobiles; enfin le transport rapide et économique par chemins de fer et l'adoption de la houille dans tous les foyers des usines et jusque dans les foyers domestiques, tout cet ensemble de circonstances agissant presque simultanément concourt aussi à donner à l'exploitation de nos houillères une impulsion de plus en plus féconde. Le chiffre de l'extraction a depuis été sans cesse croissant, et l'on ne sait où il s'arrêtera en France comme dans tous les autres pays industriels.

Si des phénomènes généraux nous descendons aux cas particuliers, nous trouvons partout une preuve saisissante des miracles opérés par l'industrie houillère et des changements heureux qu'elle apporte avec elle dans tout pays où elle s'introduit. On peut dire qu'elle transforme, régénère et crée. Quelquefois les champs souffrent de son voisinage, mais elle fait tant de bien pour un peu de mal qu'elle cause ! Au commencement du dix-septième siècle, Saint-Étienne n'était qu'une bourgade habitée par quelques centaines d'ouvriers, experts dans l'art de forger les armes et les outils. Deux siècles après, la ville renferme à peine 20,000 habitants, bien qu'à la fabrication des armes se soit jointe celle de la grosse quincaillerie et le tissage des rubans. Mais à peine les houillères de cet intéressant district se développent-elles par la fabrication du fer à l'anglaise, que la ville voit augmenter de plus en plus sa population. Le chiffre en dépasse aujourd'hui 100,000 habitants, au point que l'État, faisant enfin justice à des demandes réitérées, a dû transférer en 1855 le chef-lieu du département de la Loire de Montbrison à Saint-Étienne. Il y a deux siècles, quand Saint-Étienne n'était encore qu'un modeste village, Rive-de-Gier et Givors n'existaient pas; aujourd'hui ce sont des villes importantes. Saint-Chamond n'était célèbre que par son immense château fort, relevant des comtes du Forez; le château est maintenant en ruines, mais à ses pieds s'élève une ville, que la production et le commerce du charbon, encore plus que la fabrication des lacets de soie, ont rendue populeuse et prospère.

Les houillères de la Loire ont été pour la France, comme l'a fort bien remarqué M. A. Burat, le berceau de tous les genres d'usines sidérurgiques qui produisent les matières premières : hauts-fourneaux, forges, aciéries, et de toutes celles qui conduisent ces matières premières aux façons les plus complexes, les plus délicates, telles que les armes de toutes natures, les pièces de taillanderie, serrurerie, quincaillerie, etc. Il est bon d'ajouter que c'est encore aux houillères du département de la Loire que nous devons les deux premiers chemins de fer qui se soient faits en France : celui de Saint-Étienne au pont d'Andrezieux sur la Loire, concédé en 1823, qui fut tracé comme une route ordinaire avec des pentes très-fortes et desservi par des chevaux ; et celui de Saint-Étienne à Lyon, concédé en 1826, qui fut notre premier chemin de fer à locomotives. On pensait encore si peu, à cette époque, au transport des personnes sur les railways, que ces deux chemins de fer ne furent établis qu'en vue du mouvement des houilles. On ignorait alors que le plus productif des colis serait le voyageur, et quand on parlait dans les chambres, en 1834, d'établir des chemins de fer rayonnant de Paris sur la province, un ministre allait jusqu'à prétendre qu'on en ferait bien quatre à cinq lieues par an, et que ces voies nouvelles ne seraient bonnes qu'à divertir les badauds de la capitale accourus au passage de la locomotive ! M. Perdonnet, dans son *Traité des chemins de fer*, a pris soin de recueillir ce fait qui mérite d'être rappelé.

Quelle animation, quelle vie dans ce bassin houiller de la Loire, région naguère agricole, aujourd'hui presqu'entièrement industrielle ! Quand on va de Lyon à Saint-Étienne par le chemin de fer qui, côtoyant le Rhône jusqu'à Givors, remonte ensuite la belle vallée du Gier aux collines boisées et verdoyantes, on ne tarde pas d'arriver dans le district des mines de houille. Cette région commence, à proprement parler, à Rive-de-Gier. A partir de ce point, ce ne sont que puits de mine ouverts dans la campagne, et dont les *chevalements*, charpentes aux formes massives, étranges, soutiennent les *molettes*, énormes poulies de fonte sur lesquelles passe le câble. A celui-ci sont attachées les *bennes*, sortes de cuves ou tonneaux qui montent et descendent dans le puits, et versent le charbon à l'orifice. Sur des installations plus perfectionnées, on remarque les puits *guidés*, où les bennes, étagées les unes au-dessus des autres, glissent le long de deux tiges fixes parallèles à l'axe du puits, où le câble plat, souvent en fil d'aloès ou en fil de fer, remplace le traditionnel câble rond en chanvre ; où la *bobine*, sur laquelle s'enroule le câble, tient si avantageusement lieu de l'antique tambour, où enfin l'emploi judicieux du *parachute* prévient les effets du décrochage des tonnes circulant dans le puits, et annule tout accident pour les hommes ou le matériel.

A côté des puits d'extraction sont les halles de triage, de mesurage et de dépôt, autour desquelles vont et viennent les ouvriers du dehors; puis les appareils de lavage destinés à débarrasser le combustible de ses dernières impuretés; les ateliers où l'on comprime les *menus* en boudins ou briquettes, enfin la longue ligne des fours à coke où l'on carbonise la houille et dont les feux, la nuit, brillant en divers points de l'horizon, feraient croire qu'on traverse une contrée volcanique aux fumerolles enflammées. Les villes sur le parcours, Rive-de-Gier, Saint-Chamond, sont loin d'offrir un aspect agréable à l'œil. Ici le touriste n'a que faire, tout est livré à l'industrie du houilleur. Les rues sont pleines d'une boue noire et épaisse, les façades des maisons sont noircies par la fumée et la poussière du charbon. Cette poussière, aux molécules pénétrantes, ne respecte rien, les feuilles des arbres, le linge, le visage de l'homme; elle salit et noircit tout, et le bourg de *Terre-Noire*, que l'on rencontre en chemin, porte dignement son nom. Aux abords des gares et des centres de population, se pressent les lourds véhicules, charrettes ou wagons. Souvent le chemin de fer lui-même traverse la rue, où les rails, par droit de conquête, s'alignent sur la chaussée. Les cheminées des usines envoient dans l'air leur panache de flamme et de fumée, le bruit métallique du marteau et des laminoirs résonne de tous côtés; les fictions de l'antiquité ont pris un corps: on dirait le pays des Cyclopes. C'est le pays de nos houilleurs, ouvriers pleins d'énergie, rompus à la fatigue, froids, disciplinés, comme si la continuelle habitude du danger, et la pratique journalière de la vie souterraine, donnaient naturellement à l'homme toutes ces qualités solides sans lesquelles il n'est point de bon mineur. Voyez-les passer le soir, au sortir du puits ou de la *fendue*, la lampe à la main, la démarche alourdie par leur dur travail, la face noircie, les habits et le chapeau couverts de boue. Ils rentrent dans leurs familles, calmes, silencieux; voyez-les passer, et saluez en eux les obscurs et courageux soldats de l'industrie.

Le spectacle offert par le bassin houiller de la Loire est le même sur tous les bassins français, le même aussi en Belgique, en Angleterre et jusque dans l'Amérique du Nord. Partout l'industrie houillère affecte un caractère d'uniformité très-frappant. Ainsi, le bassin de Valenciennes, autour de Denain et d'Anzin, présente le même tableau que le bassin de Saint-Étienne autour de Rive-de-Gier et de Saint-Chamond. Mais si de nouvelles descriptions ne prêteraient qu'à des redites, que d'enseignements encore dans l'historique de nos mines du Nord! Que de patience, de courage et d'argent ont été nécessaires, unis à tant d'intelligence, pour doter la France de cet inépuisable gisement, qui à lui seul fournit plus du quart de notre production totale! Ici le bassin est entièrement souterrain, rien ne le révèle aux regards, et il a fallu toute une perspicacité de géologue, alors que la géologie était encore à naître, pour arriver à la découverte du gîte.

En 1715, un belge, le comte Desandrouin, ayant remarqué que les couches du terrain houiller de Belgique suivaient une direction constante, allant de l'est à l'ouest, et pénétraient dans le Hainaut français sous les terrains de craie, eut l'idée de traverser ces terrains par des puits, et de rechercher la houille au-dessous. En moins de trois ans ses recherches furent couronnées de succès; mais des nappes d'eau très-abondantes inondèrent les travaux. Du reste, il ne découvrit d'abord que des houilles maigres, de mauvaise qualité, et ce ne fut qu'en 1734, après vingt années d'efforts continus, et de difficultés sans nombre à la fin heureusement surmontées, que ses recherches aboutirent entièrement. Il était temps, les mines d'Anzin étaient trouvées, mais le comte Desandrouin y avait dépensé toute sa fortune personnelle, trois millions : il était complétement ruiné. Il est inutile de s'appesantir sur toutes les péripéties par lesquelles dut passer encore cette exploitation, avant de devenir la brillante affaire que chacun connaît. C'est le propre de presque toutes les entreprises de ce genre, de ne récompenser que la deuxième et souvent la troisième génération des mineurs qui s'attachent à les poursuivre. Disons seulement que dans ces dernières années, des recherches analogues à celles que le comte Desandrouin avait le premier commencées autour de Valenciennes ont été reprises au voisinage de Douai, continuées dans le Pas-de-Calais, vers Lens et Béthune, que là encore le succès est venu couronner de longs et courageux efforts, et que cette réussite a été la source, pour tous nos départements du nord, de fortunes subites, inespérées, et d'une prospérité industrielle presque sans limites.

L'historique des bassins houillers de Saône-et-Loire, du Gard et de l'Aveyron, rappelle par quelques points celui des bassins de Valenciennes et de Saint-Étienne. Partout ce n'a été qu'après les plus persistantes recherches, les plus patients efforts, que les mineurs sont arrivés à leurs fins. Dans le bassin de Saône-et-Loire, nous trouvons le Creusot, vallée triste et inhabitée il y a un siècle, aujourd'hui centre industriel des plus actifs, où l'extraction et le transport de la houille, la fabrication de la fonte et du fer, la construction des machines à vapeur, occupent au delà de 10,000 ouvriers. L'établissement industriel du Creusot est l'heureux rival des établissements les plus fameux en ce genre dans le monde. La Belgique, l'Angleterre, les États-Unis, n'ont rien à lui opposer qui vaille mieux. La date d'une situation si florissante est nouvelle. Ce n'est qu'à partir de 1837, et grâce à l'habile direction de M. Schneider, que les industries du Creusot ont commencé à donner quelque profit aux actionnaires.

Dans le Gard, la prospérité des houillères d'Alais et de la Grand'-Combe, est de date tout aussi récente : elle n'a véritablement commencé que le jour où un chemin de fer a relié ces gisements au Rhône en 1840. Alais, qui jusque-là n'avait marqué dans l'histoire de nos provinces du midi que par les guerres religieuses et le commerce de la soie, est devenue depuis une ville essentiellement industrielle, où les vieilles querelles entre catholiques et protestants se sont assoupies, où l'importance des magnaneries a peu à peu disparu devant celle des usines métallurgiques. Bessèges, Portes et Sénéchas, n'ont pas tardé à suivre la voie d'Alais et de la Grand'-Combe, et aujourd'hui le département du Gard, naguère presque oublié, est classé parmi les départements les plus intéressants de la France, ceux où l'industrie minérale a fait les plus grands progrès. Ainsi le Gard vient en troisième ligne dans notre production houillère, ne se laissant devancer que par les départements de la Loire et du Nord, qui marchent tous les deux en tête, contribuant chacun pour plus du quart du chiffre de l'extraction totale.

Le bassin d'Aubin, dans l'Aveyron, ne compte également dans l'industrie nationale que depuis une trentaine d'années. Decazeville doit son origine à un ministre de la Restauration, et ce n'est que depuis 1826, époque où furent commencées les fonderies et les forges à l'anglaise qui y fonctionnent encore aujourd'hui, que les mines de houille de l'Aveyron reçurent leur premier développement. Dans ces mines on eut aussi l'avantage immédiat de rencontrer en plus grande abondance qu'à Saint-Étienne et au Creusot ce fer carbonaté lithoïde, dit minerai des houillères, si répandu dans les mines anglaises, dont il n'a pas peu contribué à assurer l'étonnante fortune.

Partout il a fallu au début, pour favoriser l'extraction de la houille, s'attacher à en consommer sur place la plus grande quantité. Les usines sidérurgiques qui, pour un poids donné de fer consomment jusqu'à cinq fois le même poids de houille, sont celles que l'on a d'abord érigées dans le voisinage des mines de charbon. Ainsi se sont fondés les grands établissements de Terre-Noire, Saint-Chamond, Givors, le Creusot, Alais, Decazeville, Commentry, Denain, Anzin et tant d'autres. Des verreries, des cristalleries, des fabriques de glaces se sont également établies autour des plus importantes houillères. Enfin, dans certaines localités, comme dans les mines de la basse-Loire et celles de Sarthe et Mayenne (bassin du Maine), on a employé à fabriquer de la chaux, pour l'amendement des terres siliceuses de ces contrées, un charbon d'un écoulement difficile. Tout le secret de la bonne exploitation des houillères est là. Quand la qualité du combustible ne se prête pas à un transport lointain, ou que les voies de transport elles-mêmes sont défectueuses, transformer la houille en une autre matière : fer, produit de verreries, chaux, etc., d'un placement immédiat ou du moins plus facile et plus assuré.

La quantité totale de houille produite par toutes nos mines était en 1864 de 111 millions de quintaux métriques[1] (le quintal étant de 100 kilogrammes). Cette quantité est allée toujours en augmentant et l'on s'est assuré, par la comparaison d'états statistiques soigneusement dressés depuis 1811, qu'elle a été en doublant environ tous les 15 ans.

Malgré cette étonnante ascension, le chiffre de notre production houillère est loin d'égaler celui de notre consommation, qui marche dans une progression encore plus rapide. Nous tirons chaque année de l'étranger pour près de 60 millions de quintaux de houille : c'est plus de la moitié de notre production actuelle ou du tiers de notre consommation totale. La Belgique, la Grande-Bretagne et les provinces Rhénanes suppléent à notre déficit, la première pour les trois cinquièmes, les deux autres chacune pour un cinquième à peu près.

En présence d'une importation si considérable, on comprend que le chiffre de notre exportation soit insignifiant. Il n'atteint pas 2 millions quintaux, soit le cinquantième de la production.

En cherchant comment se répartit la consommation de la houille en France, on trouve d'abord, et c'est d'un heureux présage, que tous nos départements font usage du combustible minéral; ce sont d'ailleurs les départements du Nord, de la Seine, de la Loire, de la Moselle, du Pas-de-Calais, du Gard et du Rhône qui occupent les premiers rangs[2]. A la suite viennent les départements de l'Aisne, de

1. C'est le chiffre donné par le dernier *Exposé de la situation de l'empire*. Cette quantité n'est encore que le huitième de celle produite chaque année par l'Angleterre; c'est un peu moins de ce que fournissent la Belgique et la Prusse chacune séparément, et la moitié de ce que donnent annuellement les États-Unis.

2. Le département du Nord seul brûle plus du sixième de la consommation générale de la France, et celui de la Seine, le douzième.

l'Allier, de l'Aveyron, des Bouches-du-Rhône, de Saône-et-Loire et de la Seine-Inférieure. Quant aux départements placés au dernier degré dans l'échelle de la consommation houillère, ce sont le Gers et les Hautes-Pyrénées. La cause de leur infériorité n'est que relative; elle n'est pas due, comme on pourrait peut-être le croire, à l'absence de toute industrie locale, mais bien à l'éloignement des houillères et à la difficulté des transports. Dans tous les cas, que les temps sont loin où la Sorbonne, au seizième siècle, excommuniait, pour cause de vapeurs malignes et sulfureuses, les charbons que les mines belges et anglaises essayaient d'envoyer à Paris, et où une ordonnance royale défendait aux maréchaux, sous peine de prison et d'amende, d'employer dans leurs ateliers le charbon de pierre ou de terre. Au siècle suivant l'interdit fut levé, mais la classe bourgeoise, excitée sans doute par les médecins, se refusa, avec une sorte de parti pris, à l'emploi de la houille dans les foyers domestiques. Sur la fin du siècle dernier, malgré la rareté et la cherté du bois devenue presque partout générale, cet état de choses durait encore, et jamais nos houillères ne seraient arrivées au point de prospérité et de développement qu'elles ont atteint, si elles n'avaient eu pour stimulant la fabrication du fer à l'anglaise, les consommations des ateliers industriels et des machines à vapeur.

Quand on étudie, en effet, comment se répartit la consommation de la houille en France d'après les établissements qui font usage du combustible minéral, on reconnaît qu'en première ligne se présentent les fonderies métallurgiques, les usines, les fabriques, les manufactures, qui réclament à peu près les deux tiers du chiffre de la consommation totale; en seconde ligne vient le chauffage des établissements publics et des habitations pour le sixième environ de ce chiffre; puis les chemins de fer et la navigation pour le neuvième; enfin l'industrie des mines, minières et carrières pour le trentième seulement.

Toutes les variétés de charbon minéral se retrouvent dans les bassins français. Ce sont, en commençant par les charbons de formation géologique plus ancienne, les *anthracites*, houilles sèches, brûlant sans flamme comme le coke, et composées presque entièrement de carbone; les *houilles dures*, ne contenant guère plus de matières gazeuses que les précédentes et bonnes comme elles pour les fours à cuve, là où il faut une grande chaleur et pas de flamme; les *houilles collantes* ou *maréchales*, recherchées pour les feux de forge et la maréchalerie; les *houilles grasses*, les meilleures pour la fabrication du gaz et du coke; les *houilles maigres*, excellentes pour les fours à grille parce qu'elles donnent une longue flamme et ne collent pas;

enfin les *lignites*, dont quelques variétés, les seules industrielles, rappellent les houilles maigres, d'autres le bois, *lignum*, carbonisé ou desséché.

Les variétés qui dominent dans nos exploitations sont les houilles grasses et maigres, celles dont l'industrie fait le plus grand emploi. Elles forment plus des deux cinquièmes de la production. Sur quelques mines, par exemple celles de la Loire, leur qualité est égale à celle des meilleures houilles anglaises, et c'est après la constatation officielle de ce résultat que le gouvernement s'est enfin décidé à admettre partout nos houilles dans les fournitures de la marine militaire, à l'exclusion des houilles anglaises précédemment seules admises.

Le prix moyen de vente des charbons français, sur le *carreau* même des mines, oscille entre 11 et 12 fr. la tonne de mille kilogrammes, soit 1 fr. 10 à 1 fr. 20 le quintal. Sur la plupart des lieux de consommation le prix est souvent triple et quadruple, tant le coût des transports vient augmenter la valeur du combustible. Sur quelques autres points le combustible acquiert une valeur telle (60 fr. la tonne et au delà), que l'emploi en devient presque impossible. Ce fait est sans exemple en Belgique et dans toute la Grande-Bretagne. Il donne la raison de la prééminence industrielle de ces deux pays, en démontrant clairement combien ils sont plus favorisés que le nôtre non pas seulement au point de vue de la géologie houillère, mais encore pour la facilité des transports. En Angleterre, en Belgique, les canaux, les chemins de fer, les routes de terre se croisent en tous sens, couvrent le pays d'un immense réseau, qui resserre encore ses mailles aux abords des mines et des usines. L'Angleterre joint à tant d'avantages le développement de ses côtes, le long desquelles s'alignent les ports et les gîtes houillers, de telle façon qu'il n'est pas rare de voir le même wagon qui sort de la mine venir se vider dans les bateaux.

Le nombre des ouvriers employés sur nos mines de houille atteint à près de 100,000, et le salaire moyen de la journée de travail est de plus de 3 fr. Cette population est bonne, intelligente, bien disciplinée. Il est rare qu'elle se mette en grève. Habitué à la vie souterraine, le mineur des houillères est d'ordinaire sobre, calme, patient. Le travail des mines, contrairement à ce qu'en pense le vulgaire, n'a rien qui rappelle le travail de l'esclave; il exerce à la fois les qualités morales et physiques de l'ouvrier. Au moral, le mineur s'habitue à l'exactitude, à l'obéissance; son intelligence est sans cesse en jeu dans la poursuite de l'œuvre à laquelle il prend part, tandis que le labeur quotidien développe toutes ses facultés corporelles. Ceux de nos houilleurs qui ont commencé jeunes le métier, plus encore que les paysans de nos campagnes, offrent de véritables types athlétiques. L'intempérance est un vice assez rare dans cette classe de travailleurs; le mineur rentre chez lui fatigué et s'endort. S'il fréquente le café, le cabaret, ce sont les jours de paye seulement, c'est-à-dire chaque quinzaine ou chaque mois, quelquefois aussi le dimanche, enfin le grand jour de la Sainte-Barbe, patronne des mineurs, aussi bien que des canonniers et des marins.

Au point de vue de l'exploitation en général comme au point de vue des travailleurs, la France a lieu d'être satisfaite de la position qu'elle occupe dans l'industrie houillère. En 1860, les adversaires du traité de commerce avec l'Angleterre, nous avaient menacés d'une complète invasion des houilles étrangères. Leurs prédictions ne se sont pas réalisées. Quoique la France, par ses frontières du nord, soit ouverte aux houilles de la Belgique, par celles de l'est, aux houilles des provinces Rhénanes, par ses côtes enfin aux houilles britanniques, on a vu que nos mines ont toujours fourni pour une part plus large à la consommation intérieure. En même temps, la prospérité industrielle du pays est allée toujours grandissant. Cette prospérité, que l'on peut mathématiquement mesurer par la consommation de la houille, a décuplé en 40 ans : en 1857, la France consommait dix fois plus de charbon qu'en 1817. Ainsi, tandis que notre production double environ tous les 15 ans, notre consommation suit une voie bien plus rapide, signe évident d'un essor industriel des plus remarquables. Et si notre production n'a jamais marché au niveau de la consommation, la faute en est d'abord à la géologie, car nos mines de houille sont loin d'être aussi favorablement situées et aussi largement dotées par la nature que les mines belges, prussiennes, et anglaises; la faute en est ensuite au gouvernement, qui accable les exploitants d'entraves administratives, et ne fait peut-être pas tout ce qu'il doit pour faciliter les transports à la surface du pays. Sans l'achèvement de nos voies ferrées, non pas seulement des grands réseaux, mais des lignes de deuxième et troisième ordre, sans l'amélioration de nos voies navigables, fleuves, rivières ou canaux, sur lesquels il faut supprimer aussi tous les droits de péage; sans la création de chemins vicinaux, reliant les mines perdues aux centres les plus voisins de consommation, enfin sans l'abaissement des tarifs sur toutes les voies de transport, une partie de notre richesse houillère restera toujours inexploitée, et le rêve de beaucoup d'économistes d'équilibrer notre consommation par notre production ne sera jamais réalisé. Il est vrai que l'on est bien revenu aujourd'hui sur la portée que l'on attribuait autrefois à ces sortes de balances, car si la France reçoit du charbon de l'étranger, elle lui adresse autre chose en échange. N'oublions pas toutefois que, dans ces dernières années, la houille a été déclarée contrebande de guerre, et que, par conséquent, il peut y avoir intérêt pour nous, à un moment donné, à suffire de ce côté à tous nos besoins.

A quelque école économique que l'on appartienne on ne peut d'ailleurs s'empêcher de faire des vœux pour que la production houillère de la France continue à suivre sa voie ascendante, et arrive enfin, s'il est possible, à équilibrer la consommation. La houille, n'est-ce pas l'âme de toutes nos machines, de presque tous nos navires, de tous nos chemins de fer? N'est-ce pas elle qui éclaire nos villes, qui est l'agent réducteur de tous les métaux, elle enfin qui fournit le calorique à tous les foyers, ceux de nos maisons aussi bien que ceux des plus grandes usines?. La production houillère est devenue la base de la prospérité et de l'importance des États. Quelle serait en Europe la situation politique de la France, si la Providence lui avait refusé le combustible minéral qu'elle a départi avec une si grande générosité à tant d'autres pays?

II

LE FER.

Les mines de fer occupent par leur nombre, leur étendue et le chiffre de leur production, le second rang parmi les mines françaises. Elles sont très-disséminées à la surface de notre territoire. Encore plus que dans les houillères, les gîtes sont épars et ne semblent obéir dans leur dispersion à aucune loi; mais en tenant compte de la composition chimique des minerais et de l'allure géologique des gîtes, ces mines peuvent se diviser en trois classes : les mines d'alluvions, les mines en couches ou stratifiées et les mines en filons.

En reportant sur une carte de France tous ces gîtes ferrifères, on trouve que les mines d'alluvions sont surtout répandues dans les Landes, le Périgord, le Berry, le Nivernais, la Champagne, la Franche-Comté; les mines en couches dans la Lorraine, la Bourgogne, le Languedoc, enfin les mines en filons en Alsace, en Bretagne, dans le Dauphiné le long des Alpes, et sur tout le versant des Pyrénées.

La plupart de ces gîtes sont connus de toute antiquité. Ils ont été fouillés par les premiers habitants de la Gaule, les Celtes nos pères, qui savaient travailler le fer. Au moyen âge, les seigneurs tréfonciers, les corporations religieuses elles-mêmes, propriétaires de mines et de forêts, ont également exploité ces gîtes. En certains points, les scories accumulées, résidus du traitement métallurgique, trahissent encore cet ancien travail, que le peuple, dans les départements du Midi, attribue aux Maures et aux Sarrasins. Quelques localités qui ont conservé le nom de *Ferrières*, dénomination sous laquelle on désignait autrefois les ateliers à fondre et à forger le fer, gardent aussi la trace vivante d'une industrie qui se perd chez nous dans la nuit des temps. Jadis c'était dans les foyers dits *à la Catalane*, qu'on retrouve encore en France et en Espagne autour du massif pyrénéen, ainsi qu'en Corse et en Italie, que l'on traitait le minerai. Peu à peu la hauteur du fourneau s'augmenta, le *creuset* fut modifié, et l'on arriva insensiblement, vers le milieu du seizième siècle, aux *hauts-fourneaux*, qui sont devenus de nos jours les géants des foyers métallurgiques. A mesure que les forêts allaient se dépeuplant, et que les mines de houille au contraire devenaient de plus en plus productives, on remplaça le bois par la houille, d'abord pour la fabrication de la fonte, puis pour la transformation de la fonte en fer. Les premiers essais furent surtout tentés ou du moins réussirent principalement en Angleterre dans le courant du dix-huitième siècle. De là la méthode passa sur le continent. Elle eut d'abord assez de peine à s'installer en France où quelques insuccès découragèrent nos maîtres de forge. Cependant ils ne tardèrent pas à revenir sur leurs tentatives, et les principales de nos houillères, celles de Saône-et-Loire, de la Loire, de l'Aveyron, du Gard, durent, on l'a vu, à l'adoption de la méthode anglaise dans la fabrication du fer, introduite en France au commencement de ce siècle, et le développement sans exemple de leurs exploitations, et l'origine d'une prospérité industrielle qui depuis n'a fait que s'accroître.

Dans l'antique méthode, datant du jour où Tubalcaïn, le grand forgeron de la Bible, martela le premier lingot de fer, le métal était obtenu tout d'une pièce au sortir du fourneau. Dans la méthode moderne, on passe par la fonte de fer avant d'arriver au fer lui-même, et cette fonte, qui se laisse mouler, constitue un nouveau métal dont l'industrie s'est heureusement emparée. Les cylindres de machines à vapeur, des récipients, des appareils de tous genres sont fabriqués avec la fonte de fer. Il n'y a pas longtemps les canons et tous les projectiles de guerre : boulets, bombes, obus, étaient faits aussi de ce métal, auquel on a substitué depuis d'abord le bronze, alliage de cuivre et d'étain, ensuite l'acier, qui donne maintenant de si formidables engins. La fonte de fer au contraire, tout en étant très-fusible et par conséquent facile à mouler, très-dure aussi quand elle est *blanche*, est cassante et peu résistante par suite d'un état trop cristallin. Ces défauts ont fait renoncer à l'emploi de la fonte dans les engins en usage à la guerre.

A côté de la fonte doit se classer l'acier, également frère du fer, mais qui s'en distingue par des propriétés si diverses. Il suffit de quelques centièmes de carbone dans la fonte, de quelques millièmes dans l'acier, alliés au fer, pour donner des métaux si différents de celui-ci. Étrange mystère des combinaisons chimiques que la science indique, mais qu'elle n'est pas encore parvenue à expliquer. Aux qualités naturelles de l'acier, il faut d'ailleurs ajouter celles que lui donne la trempe. Depuis ces dernières années, la fabrication de cet utile produit a fait partout les progrès les plus merveilleux. En Angleterre, Bessemer a étonné les sidérurgistes par l'invention du métal aciéreux qui porte son nom. En Allemagne, le Prussien Krupp, travaillant mystérieusement comme les alchimistes du moyen âge dans un laboratoire fermé aux regards de tous, en fait sortir des lingots et des masses ouvrées de dimensions jusque-là sans exemple. Krupp, comme Bessemer, a attaché son nom à son métal, et l'acier Krupp plus homogène, plus malléable, plus résistant et élastique que le métal Bessemer, étonne tous les praticiens.

Les grandes usines à fer sont véritablement le dernier mot de l'industrie moderne, et donnent la mesure des étonnants résultats auxquels peuvent atteindre les efforts combinés de l'intelligence et du capital. Les hauts fourneaux, géants de pierre et de briques, d'une hauteur souvent de près de 20 mètres, absorbent dans leur construction des centaines de mille francs, et l'usine qui les renferme des millions, comme les plus somptueux édifices. A côté des fours gémit la machine soufflante dont le bruit formidable rappelle celui d'un ouragan déchaîné. Elle lance l'air à plein cylindre dans ces énormes foyers sans cesse alimentés de minerai et de charbon, et qui jamais ne se reposent ni de jour ni de nuit.

Du vide immense qui règne dans ce cube imposant de maçonnerie, et qui forme ce qu'on nomme la cuve du four, peuvent sortir par vingt-quatres heures jusqu'à 40,000 kilogrammes de fonte. Cette production, en admettant que le rendement normal du minerai soit de 40 pour 100 (la moyenne des minerais fondus en France ne dépasse guère ce chiffre), exige 100,000 kilogrammes de minerai. En supposant que la quantité de combustible consommé soit la même que celle de fonte produite, et que la proportion des fondants soit égale aux deux ou trois dixièmes du minerai traité, hypothèses qui se vérifient dans la généralité des cas, on voit que le poids total des matières passées dans un haut-fourneau peut atteindre 170,000 kilogrammes par jour. Comme il faut répéter ce chiffre pour chaque haut-fourneau, on peut dire qu'il n'est pas d'industrie qui donne lieu à un si grand mouvement de matières; et encore il est à notre connaissance qu'en Angleterre on a construit récemment des hauts-fourneaux, à Ulverston par exemple, qui produisent jusqu'à 90,000 kilogrammes de fonte par jour. C'est par l'augmentation du nombre et de la puissance des machines soufflantes qui injectant l'air dans le haut-fourneau (le vent, comme on dit), permettent aux matières traitées de descendre et de s'élaborer dans la cuve avec d'autant plus de rapidité que la quantité d'air injecté est plus forte, plus encore que par l'accroissement des dimensions du creuset en largeur ou hauteur, que l'on est arrivé à Ulverston à ces merveilleux résultats.

Au pied du haut-fourneau se dégage incessamment la scorie ou *laitier*, sillonnant le seuil de l'usine comme une traînée de laves incandescentes. Plusieurs fois par vingt-quatre heures, on ouvre le trou de coulée de la fonte, et alors jaillit le métal en gerbes brillantes comme un véritable feu d'artifice. Il serpente à travers les moules de sable préparés pour le recevoir sur le sol même de l'usine, et se fige en lingots. Parfois, reçu directement au sortir du creuset dans des poches métalliques, il est versé dans les moules où il prend les formes voulues par l'industrie. Plus souvent il a besoin d'être purifié par une sorte de raffinage, et ce n'est que la fonte de deuxième fusion qu'on emploie au moulage après qu'elle a été refondue au réverbère ou au cubilot. Dans la halle de coulée sont les fondeurs, le ringard à la main, protégés par des tabliers et des gants de cuir, quelquefois par un masque. A la cime du four, autour du *gueulard*, stationnent les chargeurs, versant dans l'ardente fournaise, le minerai, le combustible et les fondants que le monstre digère sans relâche. Le gueulard est fermé, on ne l'ouvre que pour le chargement. Les gaz qui se dégagent du fourneau, les flammes perdues, comme on les nomme, sont recueillies dans des appareils particuliers où on les brûle. Elles servent à chauffer l'air qu'on lance dans le four, l'eau qui produit la vapeur pour la marche de la machine soufflante. Souvent on les emploie aussi à griller le minerai, à carboniser la houille, ou à d'autres usages, et l'on réalise dans tous ces cas une importante économie de combustible. Les Anglais, qui n'ont pas besoin comme nous d'épargner le charbon, laissent volontiers marcher leurs hauts-fourneaux à feu nu. Le gueulard, qu'on distingue de loin dans la campagne, vomit librement dans l'atmosphère la flamme et la fumée, et la nuit, quand on traverse un district industriel comme ceux du pays de Galles, on voit à l'horizon une longue ligne de feux qui se reflète jusque dans le ciel. Les hautes cheminées de la forge, d'où la flamme se dégage également par les registres entr'ouverts, mêlent leurs langues de feu à celles des gueulards; les portes des fours laissent échapper dans l'usine une éclatante lueur qui illumine tous les ateliers : on dirait un gigantesque incendie, une destruction générale; il n'en est rien, c'est le pacifique labeur de l'industrie, produisant sans relâche le métal devenu désormais le plus utile et le plus indispensable, le fer.

C'est dans la forge que s'achève le travail commencé dans le haut-fourneau. La fonte, cassée en morceaux, est jetée dans le four à réverbère où l'ouvrier, armé d'une longue barre de fer recourbée, le ringard, la brasse incessamment. Le travail du four à puddler (de l'anglais *puddle*, masser, pétrir) est le plus dur de tous les travaux manuels auxquels l'homme puisse se soumettre. Le pétrissage de la farine était réputé une rude besogne avant l'invention des pétrins mécaniques; que l'on juge de ce que peut être le pétrissage du fer. La chemise défaite, à peine vêtu, le puddleur brasse et retourne la loupe de fonte incandescente. Le métal sue et se liquéfie, ses impuretés se dégagent avec une partie du fer en scories écumeuses, coulantes, qu'on rejette au dehors. La température du fourneau est celle du blanc soudant, 1500 degrés, l'une des plus hautes auxquelles puissent atteindre nos foyers métallurgiques. L'homme est là, à deux pas de la fournaise, couvert de sueur, haletant, tordant de ses bras musculeux la fonte que lèche la flamme renvoyée par la voûte du fourneau. A chaque instant il est obligé d'étancher la soif ardente qui le dévore. Courbé vers la porte du réverbère toute ouverte, tenant le ringard des deux mains, les yeux fixés sur la sole enflammée, il rassemble à la fin la *loupe*, et la prenant avec des pinces, la jette blanche de chaleur à l'aide qui la traîne sous le marteau-pilon. L'énorme outil, véritable *mouton* à vapeur, se lève et s'abaisse sur l'enclume, et ses mouvements, tantôt lents, tantôt précipités, ont bientôt transformé la masse informe en un lingot de fer forgé. Celui-ci passera aux laminoirs dégrossisseurs, puis aux fours à réchauffer, puis aux laminoirs finisseurs, avant de devenir rail, fer en barres ou en feuilles.

Le travail du marteau-pilon est un des plus précis que les machines puissent exécuter, et l'on ne dirait pas, à voir cette lourde masse d'un poids qui va jusqu'à plusieurs milliers de kilogrammes, qu'elle est capable d'écraser d'un coup la loupe de fonte, aussi bien que de s'arrêter délicatement sur la tête de l'enclume et de la toucher à peine. C'est au conducteur, qui commande et dirige ce marteau à vapeur, à en surveiller le travail; quant à l'outil, dont l'invention est due, dit-on, à M. Bourdon, ancien ingénieur de Creusot, c'est un des plus utiles dans sa simplicité, que l'industrie ait jamais mis en œuvre. Sans le marteau-pilon, les grands axes tournants qui, dans les machines de bateau, portent l'hélice à une de leurs extrémités, les arbres de couche gigantesques de quelques machines fixes, les énormes plaques de blindage dont on recouvre les navires de guerre, enfin tant d'autres pièces de fer qu'on a si bien nommées les *grosses œuvres*, n'auraient jamais pu se fabriquer. Peu de spectacles sont aussi saisissants que celui du marteau battant à coups redoublés ces énormes masses chauffées au rouge-blanc. La scorie coule et se fige le long de l'enclume; des écailles brillantes s'échappent en traînées lumineuses de la pièce à forger, et retombent en lamelles refroidies sur les larges dalles de l'usine : c'est ce qu'on nomme les *battitures*.

Le travail des laminoirs n'est pas moins curieux que celui du marteau-pilon. Là le fer, chauffé à blanc dans de nouveaux réverbères et souvent en *paquets*, s'étend sous les cylindres en s'allongeant de plus en plus, et prend la forme de barres, de rails, de verges, de lanières, de feuilles, de plaques de tôle. On lui donne la forme qu'on veut, et souple, obéissant, au moins autant qu'il est chaud et de bonne qualité, il se plie docilement à ce qu'on exige de lui. Les extrémités des rails sont *affranchies* à la scie circulaire, et la gerbe de feu qui se dégage autour de l'outil animé d'une étonnante vitesse illumine la forge. Quant aux feuilles et aux plaques de tôle, elles sont coupées d'équerre à la cisaille, et c'est merveille de voir comment, entre ses dures mâchoires, l'outil mord dans le fer comme si c'était une feuille de carton. A côté de la machine motrice qui met tout en branle, laminoirs, scies et cisailles, est l'énorme volant, immense roue en fonte, destinée à emmagasiner la force vive et à régulariser le mouvement de tous les cylindres. Elle tourne avec une si grande rapidité qu'elle chasse l'air dans son voisinage, et remplit l'usine de ses sonores ronflements. Autour des fours et des laminoirs, se pressent les ouvriers puddleurs, marteleurs, lamineurs, cingleurs, et une légion d'aides et de manœuvres. Les vibrations métalliques des appareils en mouvement résonnent de tous côtés, et forment comme une espèce de concert : c'est la grande voix du travail qui s'élève jusque vers le ciel.

La quantité de fer produite peut donner, comme celle de houille extraite, une idée de l'importance politique d'un pays, aujourd'hui surtout que le fer, plus encore que la houille, concourt à la défense des États. Il ne sera donc pas hors de propos de faire connaître ici par quelques chiffres la situation de notre industrie sidérurgique. En 1859, nous extrayions de notre sol plus de 35 millions de quintaux de minerais de fer de toute nature, et produisions 10 millions de quintaux de fonte.

En dix ans, de 1851 à 1861, le chiffre annuel de notre fabrication avait doublé. De ce chef donc, comme de celui de nos houillères, la prospérité de nos établissements est sans cesse allée en croissant[1]. En 1864, la quantité totale de fonte produite était, d'après le dernier *Exposé de la situation de l'empire*, de 12,121,000 quintaux d'une valeur de 139,400,000 francs. Le cinquième du chiffre de la production représente la quantité de fonte fabriquée au charbon de bois; les deux tiers, la quantité fabriquée au combustible minéral seul, enfin le restant, ou un peu moins du sixième, la quantité de fonte fabriquée aux deux combustibles, végétal et minéral. Il va sans dire que la quantité de fonte fabriquée au charbon de bois va toujours en diminuant, à cause du dépeuplement de plus en plus grand de nos forêts et de l'emploi de plus en plus étendu de la houille, tandis que celle fabriquée au combustible minéral seul, ou même aux deux combustibles, va sans cesse en augmentant, en même temps que la production totale croît aussi d'une manière absolue. Il y a vingt ans, nous fabriquions plus de fonte au charbon de bois que de fonte au coke; aujourd'hui la proportion est renversée[2].

En 1864, la fabrication totale du fer obtenu avec la fonte produite par nos usines, déduction faite de la fonte de moulage, a atteint en nombre rond le chiffre de 8 millions de quintaux, dont les sept huitièmes en fer à la houille, et le reste en fer au bois ou aux deux combustibles, mais surtout en fer au bois. Avec cette production, la France suffit à très-peu près à ses besoins, et la quantité de fonte ou de fer importée chez nous d'Angleterre, de Belgique, de Prusse, d'Espagne ou d'Italie, n'est qu'une faible fraction de notre fabrication totale.

Parmi les forges françaises, quelques-unes, comme le Creusot, marchent tout à fait en tête et comptent même peu de rivales dans le monde. Quatorze hauts-fourneaux, activés par sept machines soufflantes, d'une force totale de plus de mille chevaux, ont produit, en

1. La production de la fonte en France s'est accrue en quarante ans, de 1819 à 1859, dans le rapport de 1 à 8. Il n'y a eu d'arrêts qu'aux époques de crise politique, comme en 1830 et 1848, ou de crise commerciale, comme en 1857-58. — L'Angleterre produit quatre fois plus de fonte et les États-Unis en fabriquent la même quantité que nous; la Belgique, la Prusse, l'Autriche, moitié moins. En France, les mines indigènes ne suffisent plus depuis longtemps aux demandes des usines, et l'on va chercher des minerais jusqu'en Espagne, en Afrique et à l'île d'Elbe. La quantité annuelle importée peut être évaluée à plus d'un million de quintaux métriques.

2. En 1844, les états statistiques indiquent dans la production totale 3 millions de quintaux de fonte au bois pour 1 et demi de fonte au coke.

1864, un million de quintaux de fonte, le douzième de la production générale de la France! La forge, où la majeure partie de cette fonte s'élabore pour en fabriquer du fer, comprend 140 fours à puddler et à réchauffer, 14 marteaux-pilons et 22 trains de laminoirs activés par 13 grandes machines d'une force de près de trois mille chevaux[1]. Il est sorti de ce gigantesque atelier 550 mille quintaux de rails, 200 mille quintaux de fer en barres ou en verges, 100 mille quintaux de tôles. Les ateliers de construction de machines, annexés aux hauts-fourneaux et aux forges, ont fourni 100 locomotives, et en machines fixes, appareils de navigation et machines diverses, pour plus de cinq mille chevaux de force. Tous les organes de ces machines reçoivent leur première forme à la fonderie et à la forge, puis passent aux ateliers d'ajustage et de montage, où on les finit et les met en place. A la chaudronnerie se confectionnent les chaudières à vapeur, et le choc incessant du marteau rivant les pièces de tôle y fait entendre le bruit le plus étourdissant.

L'atelier d'ajustage renferme la plus riche collection de machines-outils qu'on puisse voir : machines à percer, raboter, aléser, tourner, tarauder, fileter, admirables engins qui taillent dans le fer comme si c'était du bois. Peu à peu ils ont partout remplacé le travail de l'homme qu'ils font mieux, plus vite, plus régulièrement, laissant à l'ouvrier, dont l'œil et la main restent à peu près libres, le soin de les surveiller et de les conduire. 28 machines à vapeur, d'une force de 600 chevaux, mettent en mouvement tous ces merveilleux mécanismes. L'atelier renferme 350 feux de forge, 20 marteaux-pilons, 600 machines-outils et 400 étaux.

Dans ces immenses usines se presse toute une population de travailleurs. Le nombre d'ouvriers occupés directement par le Creusot est de 10,000 dont 1,500 aux houillères, 1,000 aux mines de fer, 800 aux hauts-fourneaux, 2,800 à la forge, 3,000 à la construction des machines et 900 aux transports et travaux divers. Un tronçon de chemin de fer unit l'usine au canal du Centre qui fait communiquer la Saône à la Loire entre Chalon et Digoin. Un autre embranchement relie le Creusot au chemin de fer de Paris à Lyon et à la Méditerranée. La position topographique de ces vastes forges est ainsi l'une des plus heureuses qu'on puisse voir, rayonnant sur le Midi et sur le Nord.

Nos autres forges françaises sont loin de pouvoir être comparées au Creusot, mais après lui marchent des établissements qui ont aussi

1. La nouvelle forge qu'on construit en ce moment au Creusot, et qui est presque achevée, sera bien plus importante encore.

leur importance. Tels sont celui d'Hayanges dans la Moselle, qui vient de prendre un si remarquable développement, ceux d'Alais et Bessèges dans le Gard, de Commentry et Montluçon dans l'Allier, Fourchambault dans la Nièvre, Terre-Noire, Saint-Chamond, Rive de Gier et Givors dans la Loire et le Rhône. Il faut nommer aussi ceux d'Anzin, de Denain et tous les hauts-fourneaux et les forges du Nord, l'un des plus productifs en fonte de nos départements (il donnait à lui seul, en 1859, près du dixième de la quantité totale de la France) comme il est déjà l'un des plus productifs en houille; puis les usines de la Haute-Marne dont la production dépasse celle du département du Nord, enfin les hauts-fourneaux et les forges de l'Aveyron, de l'Ardèche, de la Haute-Saône, de la Côte-d'Or, des Ardennes, etc., etc. Quelques-unes de ces usines, continuant à fabriquer le fer avec le combustible végétal, ont conservé à leurs produits une qualité supérieure qui les fait rechercher pour divers usages spéciaux, entre autres pour la fabrication de l'acier. Les deux départements de la Loire et de la Gironde se livrent surtout à cette fabrication avec des fers qu'ils produisent directement ou font venir des usines au bois. Ils fabriquent principalement des aciers de cémentation et des aciers fondus. La Loire fournit à elle seule plus des huit dixièmes de la quantité totale. Cette industrie est concentrée autour de Saint-Étienne et de Rive de Gier. C'est là qu'on a, pour la première fois, obtenu des aciers puddlés destinés à remplacer pour quelques usages les aciers naturels devenus de plus en plus rares, car ils exigent des minerais exceptionnels. L'Isère, l'Ariège et quelques autres départements fournissent encore aujourd'hui de ces aciers naturels.

On peut estimer à 60,000 au moins le nombre d'ouvriers attachés en France aux mines et aux fonderies de fer (hauts-fourneaux, forges, aciéries). Le salaire journalier moyen des ouvriers des mines est à très-peu près le même que celui des ouvriers des houillères, 2 fr. 50 à 3 fr. par jour. Le salaire des ouvriers des usines est beaucoup plus élevé, car il n'est pas rare de voir, par exemple, des puddleurs gagner à eux seuls 10 et 15 fr. par jour en travaillant à prix fait; mais aussi quel labeur herculéen accomplissent ces rudes forgerons! C'est autant pour diminuer d'excessives fatigues qui usent peu à peu leur force, que pour s'affranchir de leurs prétentions souvent exorbitantes (le nombre des bons puddleurs est fort rare et souvent on a dû les faire venir de Belgique ou d'Angleterre), que l'on cherche depuis quelques années les moyens d'arriver au puddlage mécanique du fer. Jusqu'ici tous les efforts tentés dans ce but ont été vains.

Les ouvriers des forges et des mines de fer sont moins disciplinés, moins sobres, que ceux des houillères, et cela par la nature même de leur travail. Ils sont cependant exacts, soumis, sédentaires, car il est rare que la grande industrie produise des ouvriers remuants ou cités pour leur turbulence. Ceux qui sont tels ne sont pas conservés.

Résumant toutes les données qui précèdent, on voit que le chiffre de production de la fonte et du fer est toujours allé en France dans une progression croissante, surtout dans ces dernières années. A l'époque de la signature du traité de commerce, on avait craint pour nos usines sidérurgiques, plus encore que pour nos houillères, les conséquences de la révolution économique profonde qui allait se produire dans notre industrie minérale, et il n'était sorte de prévisions fâcheuses qu'on ne mît en avant pour condamner sans appel l'avenir de notre pauvre métallurgie. Le traité de commerce n'a pas tué nos usines comme l'avaient prédit quelques pessimistes, et si plus d'un de nos maîtres de forge se plaint toujours de la situation qui lui a été faite, c'est dans la force des choses, plutôt que dans les conséquences du traité conclu avec l'Angleterre, qu'il doit chercher des raisons à ses plaintes. Bien des usines, créées dans le principe auprès de forêts aujourd'hui presque disparues ou de mines de fer presque entièrement épuisées, ne sont plus dans les mêmes conditions de vitalité que par le passé, alors surtout que le prix des fers a tant diminué en France depuis une dizaine d'années.

Sur nombre de points du territoire, la France est en mesure de lutter avec l'Angleterre pour la fabrication de la fonte et du fer. Les avantages plus grands de nos voisins sont compensés par la plus grande distance qui les sépare de nos marchés, et par les droits qui pèsent toujours sur l'introduction des produits anglais. Nos usines sont aussi bien installées que les usines britanniques, nos minerais sont généralement de meilleure qualité, et comme une partie de notre fabrication en fonte (environ un tiers, on l'a vu) se fait toujours au bois et au charbon de bois, ce qui donne des fers plus fins, nos produits sont relativement meilleurs que ceux de l'Angleterre et sont même recherchés par elle pour certains usages spéciaux, par exemple pour la fabrication de l'acier. De là vient que malgré l'application du traité de commerce, malgré une plus grande introduction du métal anglais, notre production en fonte et en fer a toujours été en augmentant. Et si dans quelques-uns de nos départements une partie de nos usines chôment ou ralentissent leur marche, on doit chercher à ce mal dans presque tous les cas d'autres raisons que le traité de commerce.

Hâtons-nous bien vite de reconnaître que la plupart de nos usines ont énergiquement supporté les conséquences de ce traité. Elles ont cherché à produire le plus possible pour diminuer le prix de revient, et à porter au minimum le prix de vente, pour faciliter les marchés à long terme et amener le plus large écoulement des produits. Quelques-unes, s'unissant en faisceau, ont groupé leurs intérêts et leurs efforts, et se sont mises en mesure de faire mieux, s'il était possible, que par le passé, dussent-elles faire autrement. C'est ainsi que la construction des machines, la fabrication des grands ponts métalliques, du matériel des chemins de fer, des grosses pièces de forge, des plaques de blindage pour les navires de guerre, etc., se sont tout à coup heureusement développées dans quelques-unes de nos usines sidérurgiques. Par une transformation radicale, énergique de leurs anciens procédés, elles ont acquis plus de vitalité encore, tandis que d'autres, favorisées outre mesure par des conditions topographiques et géologiques particulières, ont pris de leur côté le plus merveilleux développement. Les défaillances ont été rares, et jamais la sidérurgie française n'a été agonisante, comme se plaisent encore à l'écrire quelques écrivains mal informés. Les faits et les chiffres que nous avons cités leur répondent; qu'ils consultent, qu'ils méditent ces chiffres, ils sont officiels, et non inventés pour les besoins de la cause. Ils verront que notre métallurgie a toujours été en progrès, et que jamais la France n'a cessé un moment de donner ce qu'on était en droit d'attendre d'elle dans la fabrication de la fonte, du fer et de l'acier, ces trois métaux aujourd'hui indispensables aux arts de la guerre aussi bien qu'à ceux de la paix.

III

LES MÉTAUX AUTRES QUE LE FER.

Les personnes qui ne sont pas initiées au travail des mines, quand elles se prennent à rêver de filons, les voient en esprit cachés dans les plus hautes montagnes, les vallées les plus élevées et les plus désertes, en un mot dans les lieux les plus inaccessibles. Le rêve des hommes du monde est une réalité pour les praticiens; les filons métalliques sont, en effet, d'un accès généralement fort difficile, comme si la nature, en ce cas comme en tant d'autres, avait voulu faire payer à l'homme le prix de ses faveurs. C'est dans les massifs schisteux et granitiques de la Bretagne, des Alpes, des Pyrénées, des Vosges qu'il faut chercher en France nos mines métalliques; c'est autour de cet immense plateau de granit et de basalte, qu'on nomme le plateau central, d'où descendent presque tous nos grands fleuves et d'où se détachent les dômes d'Auvergne, les *plombs* du Cantal, la chaîne des Cévennes, les montagnes du Limousin, du Vivarais, du Lyonnais, que le mineur doit porter le pic et le marteau pour découvrir le plomb, le cuivre ou l'argent.

Dès l'époque la plus reculée, notre sol plus activement, plus fructueusement fouillé qu'aujourd'hui, présentait autour de nos grandes montagnes des exploitations minérales prospères. Quand les Germains, dans leurs sombres forêts, et les Bretons du Cornwall sur leur rocher de porphyre et de granit, vis-à-vis les Cassitérides, travaillaient le fer, l'argent, le cuivre et l'étain, les Gaulois fouillaient également leurs mines, et les marchands de la Méditerranée, les Phéniciens, les Carthaginois et les Grecs, venaient charger des métaux dans nos ports. L'or lui-même, si abondant à cette époque dans la Gaule, était fourni par le lavage des alluvions du Rhin, du Rhône, et de quelques ruisseaux échappés des Cévennes ou des Pyrénées. Tous les historiens de l'antiquité, César, Strabon, Pline, Diodore de Sicile, ont parlé de ces exploitations.

Les Romains après les Gaulois, et les seigneurs suzerains de l'époque féodale : les comtes de Foix, de Toulouse, du Rouergue, du Forez, du Lyonnais, et du Beaujolais; les ducs de Nevers, de Bretagne, de Lorraine; les rois de Navarre, nos rois eux-mêmes ou leurs favoris, enfin les évêques et les puissantes corporations religieuses de ces temps-là, continuèrent avec profit et l'exploitation des mines et la fusion des minerais. Des ouvertures éboulées ou encore béantes, donnant accès dans des travaux souterrains où l'on employait alors le feu à défaut de la poudre pour désagréger la roche; des scories çà et là éparses, témoins d'un travail de fusion qui dura souvent plusieurs siècles, voilà tout ce qui reste de ce passé d'activité minérale que le présent est loin d'égaler. Les archives de quelques-unes de nos communes, les histoires et les manuscrits du moyen âge ont même fixé les dates de certains de ces travaux et donnent sur eux d'utiles renseignements. La tradition orale a conservé aussi plus d'un souvenir se reportant quelquefois jusqu'à l'époque romaine; enfin les noms de quelques-unes des localités jadis si ardemment fouillées sont restés significatifs.

Sainte-Marie-aux-Mines, dans les Vosges, a été l'une des plus intéressantes de ces anciennes exploitations. L'origine des travaux remonte au moins au dixième siècle, peut-être même au delà, au temps de Dagobert et de l'orfévre saint Éloi. Les chantiers, à l'époque de la plus grande prospérité de ces mines, vers le milieu du seizième siècle, ont occupé jusqu'à 3,000 ouvriers extrayant chaque année pour plus de 400,000 francs d'argent (6,500 marcs), non compris le cuivre et le plomb. L'exploitation fut abandonnée lors de la guerre de Trente ans, et reprise au commencement du dix-huitième siècle. En 1735, elle donnait encore 4,445 marcs d'argent, 34,000 livres de cuivre, et 223,000 livres de plomb. A l'époque de la Révolution les travaux s'arrêtèrent, et n'ont plus été repris depuis avec succès malgré diverses tentatives.

Avec ce gite, jadis si célèbre et dont l'état de complet abandon fait peine à voir, il faut citer Plancher-les-Mines et la Croix-aux-Mines, situés tous deux dans ce même massif des Vosges, autrefois si productif. Le gite de Giromagny, donné par Louis XIV à la famille de Mazarin, après le traité de Westphalie, et exploité depuis le treizième siècle jusqu'en 1793, fait également partie du grand massif métallifére des Vosges. Dans le département de l'Ariège, nous trouvons Castel-Minier, montagne au nom caractéristique, et les Coffres (du patois *cobre*, cuivre); enfin l'Ariège elle-même, *Aurigera*, ou la rivière qui charrie l'or. Dans le Cantal, nous avons Aurillac, *Auri lacus;* Bourg-Argental, dans la Loire; un second Castel-Minier dans l'Ardèche où se rencontrent aussi deux Largentière. L'un de ces derniers gites, découvert au douzième siècle, a successivement appartenu aux comtes de Toulouse et aux évêques de Viviers, qui, bien qu'ennemis jurés des mécréants, affermaient leurs mines à des Juifs. Cette exploitation ne fut abandonnée qu'au seizième siècle, par suite de la baisse de l'argent, conséquence de la découverte des mines d'Amérique. L'autre mine de l'Ardèche, désignée aussi sous le nom de Largentière ou Largentère, fut également arrêtée à cette époque. On conserva dans la localité le souvenir des riches exploitations qui y avaient existé, et quelques écrivains de la fin du seizième siècle se sont plu à la désigner sous le nom d'*Indes françaises*, que d'autres ont aussi donné à nos montagnes pyrénéennes, non moins riches en or et en argent que celles de l'Ardèche.

Ce nom de Largentière abonde dans tous les anciens pays de mines; on le retrouve dans beaucoup d'autres de nos départements. Le gîte le plus célèbre de ce nom est aujourd'hui situé dans les Hautes-Alpes. La tradition en fait remonter jusqu'à la domination romaine l'origine de l'exploitation. Au douzième siècle, il appartenait aux comtes de Forcalquier; les évêques et le chapitre d'Embrun avaient une part sur les produits, et les Dauphins percevaient une redevance, à titre de dîme, sur l'argent que l'on en tirait. Les travaux furent sans doute fermés à l'époque de la découverte de l'Amérique, et le souvenir de ces mines était presque éteint, lorsqu'en 1785, elles furent retrouvées accidentellement par des gens qui cherchaient des sables de verrerie. Depuis, l'exploitation a passé par différentes phases; elle était très-prospère il y a quelques années, et se trouve encore aujourd'hui dans une bonne situation.

La mine de Vialas, dans la Lozère, celle de Pontgibaud, dans le Puy-de-Dôme, celles de Poullaouen et d'Huelgoët, dans le Finistère, sont également toujours en activité. Toutes ces exploitations donnent du plomb et de l'argent. Elles sont de date très-ancienne, et comme toutes les mines, ont passé par bien des péripéties, vu bien des époques de prospérité ou de ruine se succéder tour à tour.

Largentière, Vialas, Pontgibaud, Poullaouen et Huelgoët, auxquels il faut peut-être ajouter Pontpéan dans l'Ile-et-Vilaine, et quelques mines dans l'Ariège, les Basses-Pyrénées, le Gard, l'Isère, la Loire, la Charente, toutes de création récente et de marche incertaine, voilà donc où nous en sommes réduits après le glorieux passé de nos exploitations de plomb et d'argent. Et encore est-ce par la production des gîtes qui viennent d'être cités que nous brillons surtout dans l'industrie minière, les mines de fer et de houille exceptées! Où sont les mines d'argent des Challanches, dans l'Isère, naguère florissantes? Où sont toutes celles de l'Auvergne? et celles de Melle, dans les Deux-Sèvres, déjà ouvertes sous Charles le Chauve, qui du neuvième au dix-septième siècle pourvurent à l'entretien d'un hôtel des monnaies? Que sont devenues celles de Chitry, dans la Nièvre, exploitées dès 1495, et qui donnèrent lieu, jusqu'à la fin du dix-septième siècle, à l'une des exploitations les plus considérables de la France? Et celles du Rouergue, qui produisaient le plomb, le cuivre et l'argent, entretenaient les hôtels des monnaies de Rhodez et de Villefranche, et qui, fouillées dès l'époque gauloise, ne s'arrêtèrent qu'avec les désastres provoqués par les guerres de religion dans la seconde moitié du seizième siècle? Toutes ces mines, qui sont bien loin d'être épuisées, sont cependant aujourd'hui fermées, comme les deux Largentière de l'Ardèche, et Giromagny, et la Croix-aux-Mines, et Sainte-Marie-aux-Mines. La mousse couvre leurs déblais, toutes les galeries sont éboulées, les antiques fonderies ne sont plus qu'un monceau de ruines, quand les ruines elles-mêmes n'ont pas disparu!

Après les mines de plomb et d'argent, viennent celles de cuivre, pour lesquelles pareillement notre passé a été aussi beau que l'état présent est triste et précaire. La France ne fournit presque plus de cuivre, et les mines de Chessy et de Sainbel, près de Lyon, naguère encore en grande activité, ne sont plus dignes d'être citées. On peut dire que l'on n'en tire plus que de la pyrite cuivreuse très-pauvre unie à de la pyrite de fer; cette dernière est expédiée sur une fabrique de vitriol où elle supplée à l'emploi du soufre. L'exploitation de ces mines date peut-être de l'époque gauloise. Au moyen âge, elles furent la propriété de l'argentier de Charles VII, Jacques-Cœur, qui fouilla aussi d'autres gisements dans le Lyonnais et le Beaujolais. Il gagna dans cette industrie, ainsi que dans la ferme des monnaies, une partie de son étonnante fortune, qui devait lui susciter tant d'envieux et le perdre dans l'esprit du roi.

Comme celle du cuivre, la production du zinc et de l'étain nous manque également aujourd'hui, ou à peu près. Ces deux métaux ont cependant une grande importance, et l'on sait quelle extension a prise depuis quelques années la fabrication du zinc en Belgique et en Espagne, quels revenus elle procure à ces deux pays, en même temps qu'elle a créé pour leurs populations ouvrières une source nouvelle et féconde de travail. Le zinc et l'étain pourraient s'exploiter avec profit en France, le premier dans les Alpes et les Cévennes (on en travaille quelques mines dans l'Isère et le Gard), le second dans les montagnes du Limousin et de la Bretagne, où les premiers peuples de la Gaule l'ont fondu sur des points très-nombreux. Les Phéniciens venaient le charger à l'embouchure de la Loire et le portaient dans tout le bassin de la Méditerranée, où il rivalisait avec l'étain de l'Espagne et de la Grande-Bretagne également importé par les marins de Tyr. Allié au cuivre, l'étain formait le bronze d'un usage alors si répandu. Dans les sables et les galets qui se montrent fréquemment sur certaines parties du rivage du Morbihan et de la Loire-Inférieure, on trouve encore aujourd'hui du minerai d'étain, détaché très-probablement de filons sous-marins en relation avec les filons stannifères superficiels qui recoupent les granits. C'est peut-être ce minerai d'alluvion que les anciens ont partout exploité. A Vaury, dans la Haute-Vienne, on trouve aussi un gîte en place très-anciennement fouillé. La seule mine aujourd'hui en activité est à Piriac, dans le Morbihan.

Les minerais d'antimoine, dont nous possédons en France de nombreux gisements, sont traités dans quelques-uns de nos départements, comme la Lozère, le Puy-de-Dôme, le Cantal, l'Ardèche, la Haute-Loire. La Lozère a souvent envoyé fondre son minerai dans le Gard; la Corse, qui en produit aussi, expédie le sien à Marseille. Partout les exploitations sont conduites avec tiédeur, et le *régule* (c'est le nom sous lequel on désigne l'antimoine depuis les alchimistes qui l'ont découvert), n'a du reste qu'un emploi très-limité. On sait qu'allié au plomb, auquel il donne de la dureté, il sert à fondre les caractères d'imprimerie, et que, mêlé au cuivre, à l'étain, au bismuth et au nickel, il entre dans la fabrication du métal blanc ou métal anglais. Ce sont là, avec quelques préparations de laboratoire et de pharmacie, tous les usages auxquels il sert.

Les minerais de manganèse, dont il existe dans le département de Saône-et-Loire, ainsi que dans l'Aude et l'Ariége, des gîtes très-importants et très-activement exploités, méritent d'être mentionnés. On les emploie dans les fabriques de produits chimiques, et depuis quelques années on les jette dans les hauts-fourneaux avec les minerais de fer, dont ils bonifient singulièrement la qualité en donnant des fontes blanches, aciéreuses.

Pour terminer le catalogue de nos exploitations minières, rappelons le lavage de l'or autrefois très-fructueux sur plusieurs de nos cours d'eau, tels que le Rhin, dans les plaines de l'Alsace, le Rhône, entre Lyon et Tournon, ainsi que sur presque tous les ruisseaux du versant méridional des Cévennes et ceux qui sillonnent la lisière septentrionale des Pyrénées. Le traitement des alluvions aurifères a aujourd'hui presque partout disparu. Il formait dans l'Ariége et le Gard une industrie locale dont l'extinction est regrettable à plus d'un titre. Dans le Gard, on retrouve d'immenses tas de déblais provenant de ces anciens lavages. La tradition, ou plutôt la légende, les attribue aux Anglais, qui n'ont jamais dominé dans le pays; mais ils pourraient bien remonter à l'époque gauloise, ou tout au moins romaine. Les travaux furent très-étendus au moyen âge, surtout dans l'Ariége, et ne diminuèrent d'importance que lors de la découverte de l'Amérique. Toutefois, en 1700, la monnaie de Toulouse recevait encore 50 kilogrammes d'or, soit une valeur de 150,000 fr., des orpailleurs de Pamiers. En 1762, la quantité avait diminué de moitié.

La cueillette de l'or n'a jamais cessé tout à fait dans nos provinces, et l'on retrouve encore le long des Pyrénées et des Cévennes quelques rares orpailleurs restés fidèles à la sébile. Formés de père en fils à la pratique de ce curieux métier, ils en conservent religieusement toutes les traditions. J'ai rencontré moi-même dans le Gard, il y a un an, les deux derniers représentants peut-être de cette industrie expirante. Ils composaient à eux deux un type fort original. Deleuze et Mathieu (c'étaient leurs noms) ne travaillaient jamais ensemble. Le placer de l'un n'était pas celui de l'autre, et nos deux orpailleurs se jalousaient vivement, comme il convient entre gens de même métier. Habiles à manier la large sébile de bois au moyen de laquelle on lave l'or, et qui doit être aussi vieille que le monde, car je l'ai retrouvée en Amérique aux mains des mineurs espagnols, qui l'auront reçue de leurs pères d'Europe, Deleuze et Mathieu, munis aussi d'un pic et d'une pelle, allaient flairant, flânant, le long de ruisseaux du pays, la Cèze, la Gagnière. C'était surtout après les jours d'orage qu'on les voyait apparaître, quand les eaux, subitement accrues, avaient lavé les sables et remué le lit des ravins. Rien n'échappait à leurs yeux de lynx, et la plus mince paillette cachée entre les lits des schistes ou des grès, au tournant d'un ruisseau, attirait immédiatement leurs regards. On aurait dit qu'elle produisait sur eux l'action de l'aimant sur le fer. La sébile, entre les mains de ces laveurs, dansait et tournoyait dans l'eau comme entre les mains du Chilien ou du Mexicain le plus expert, et la plus microscopique parcelle aurifère se retrouvait invariablement au fond de la *battée*, après le départ des sables. Jamais, même en Californie, je n'ai vu de plus habiles laveurs que mes orpailleurs cévenols; c'étaient tous deux de vrais artistes, et ils étaient dignes d'un plus grand théâtre. Indifférents au monde extérieur, fiers de connaître seuls les bons endroits et tous les secrets du métier, dédaignant de faire autre chose que de laver de l'or, ils ne trouvaient d'attraits que dans leurs placers. N'ayant pas d'enfants, ils ne formaient pas même d'élèves. La trouvaille était rarement bonne, hormis après les jours de grande pluie où elle pouvait tout d'un coup atteindre une valeur de 15 à 20 fr.; mais chaque laveur certainement ne gagnait pas dans ses recherches, un jour dans l'autre, plus de 2 à 3 fr. par journée.

L'inébranlable attachement de ces orpailleurs des Cévennes à leur premier métier nous dévoile tout un côté de la vie des mines métalliques sur lequel il est bon d'insister. Le mineur aime son état malgré les fatigues qu'il y endure. Il est rare qu'il en choisisse un autre, et j'ai toujours vu, en Californie, le laveur des placers, après s'être fait marchand, agriculteur, cafetier (chacun a fait un peu de tout dans ce pays), revenir à son *rocker* et à sa battée. Il y a dans la recherche souterraine des métaux quelque chose qui tient du jeu. La réussite favorise l'un des penchants les plus curieux de notre nature, celui de l'imprévu, et le mineur, après une heureuse trouvaille, même quand elle n'est pas pour lui, est aussi content que le joueur qui vient de faire un beau coup. Et puis dans le travail des mines, qu'il ait lieu au dehors ou sous terre, l'ouvrier est pour ainsi dire son maître, il est payé la plupart du temps d'après l'œuvre produite, et il se sent en quelque sorte libre et indépendant. Au sortir des chantiers intérieurs, c'est la vie au grand air, dans la montagne, sous les hêtres touffus ou les frais châtaigniers, au pied du torrent écumeux. Devant un tel spectacle, le mineur satisfait préfère de beaucoup son sort à celui de l'ouvrier des villes.

Les pays de mines sont toujours des plus pittoresques, car les filons aiment les lieux accidentés. Que de beaux points de vue dans les Cévennes, dans les Alpes, dans les montagnes de l'Auvergne! Ici c'est la mine et l'usine de Pontgibaud qui se détachent au milieu de la chaîne des Puys et des monts Dore, aux cimes couvertes de neige ou couronnées de vieux châteaux. Dans les Alpes, ce sont des mines aux flancs de toutes les montagnes, jusqu'au bord des glaciers. Le mineur doit avoir la jambe solide, et veiller à lui pour n'être pas pris par les avalanches. Les filons courent à travers le granit, la protogine et les schistes, mêlés de quartz et de calcaire. C'est tantôt du cuivre ou du zinc, tantôt du plomb et de l'argent, quelquefois de l'or, du mercure, partout un peu de platine. Les gîtes, aujourd'hui presque tous inexploités, se rencontrent à Vizille, à Vaulnaveys, à Séchilienne, au Theys, aux Challanches, à la Gardette, au Bourg-d'Oisans, à Laffrey, à Lamotte, à Saint-Arey, à Saint-Bonnet, à Largentière, partout, le long des flancs de ce mur gigantesque qui nous sépare de l'Italie, et jusque dans les contreforts porphyriques et granitiques qui bordent le littoral du Var.

Dans les Cévennes, le spectacle change, mais reste toujours saisissant. C'est vers ces lieux que me reportent mes premiers souvenirs de mineur. En 1851, allant à pied des hautes mines de houille de Champclauson, dans le Gard, aux mines de plomb et d'argent de Vialas, dans la Lozère, je partis du vieux château de Portes, par la plus belle des après-midi d'automne qu'on puisse voir dans le Midi. Je laissai bientôt les grès houillers et les couches de schistes noirs et de charbon pour entrer dans le terrain granitique. Tournant à gauche et remontant le torrent de Vialas, j'avais devant moi les monts ardus de la Lozère qui font partie du massif des Cévennes. D'un côté le roc des Aigles, de l'autre le collet de Dèze élevaient jusqu'à près de 2,000 mètres leurs flancs déchiquetés. Le granit prenait au soleil couchant ces tons d'opale qui lui sont propres et la couleur sombre des micaschistes, çà et là coupés par quelque veine blanche de quartz, se détachait vigoureusement dans le paysage. Les châtaigniers, les hêtres et sur les plus hautes cimes les noirs sapins, au pied desquels poussaient les vertes graminées servant de manteau au roc, encadraient admirablement le tableau. Dans une anfractuosité profonde ouverte entre les granits, qui s'étendaient à gauche et à droite comme deux immenses murailles, on entendait mugir le torrent, on l'entendait sans le voir, et parfois seulement, au détour du chemin, on apercevait au fond de l'abîme, loin, bien loin, comme un flocon d'écume autour d'énormes galets. Sur les flancs de la vallée, des moutons allaient paissant, et le jeune pâtre qui les menait s'essayait à des airs champêtres sur un rustique chalumeau. Le long de la route, il y avait de pauvres cahutes dont les toits étaient couverts de plaques de schistes en guise de tuile ou d'ardoise. Je traversai un petit village et j'arrivai le soir à Vialas où l'*hôtel des Mines*, étonné de voir un voyageur, m'ouvrit sa porte à deux battants.

Le lendemain et les jours d'après, je visitai les travaux, inaugurés ou du moins repris au siècle dernier par des ouvriers allemands qui ont fait souche dans le pays. Au dehors courent les affleurements des filons dont deux sont stériles et reconnaissables à leurs *salbandes* de quartz. Le *filon des anciens* rappelle par son nom l'ancienneté de cette exploitation. J'entrai dans la mine par une galerie de niveau, j'allai de l'un à l'autre étage par les échelles et parcourus les gradins d'abattage. Le minerai, au sortir des chantiers, était enrichi par la préparation mécanique, broyé sous d'énormes pilons en fonte ou bocards, puis conduit avec de l'eau sur des tables dormantes ou à secousses, enfin dans des labyrinthes.

De l'atelier de préparation mécanique, les *schlichs* et les *schlamms* (c'est le nom, tiré de l'allemand, qu'on donne aux sables et aux boues ainsi enrichis en plomb et en argent), étaient portés à la fonderie. Là, le minerai était d'abord grillé au four à reverbère pour le débarrasser de la majeure partie du soufre qu'il renfermait et provoquer des réactions chimiques aidant plus tard à la fusion. Ensuite on le jetait dans le four à manche, ainsi nommé parce qu'il est formé d'une cuve droite où descendent ensemble le minerai et le charbon. Dans le bassin de coulée se rassemblait le métal allié à l'argent, le *plomb d'œuvre*. En dernière analyse, l'opération de la coupellation, conduite à l'allemande, c'est-à-dire dans un four à sole ou coupelle fixe et à voûte mobile, terminait le traitement métallurgique, en séparant l'argent du plomb, et transformant celui-ci en litharges. Cette méthode donnait, quand je visitai le pays, peu de bénéfices. Aujourd'hui, grâce à une habile et savante direction, les opérations ont été modifiées, perfectionnées, la mine plus largement ouverte, et Vialas est entré dans une voie des plus prospères. Cet exemple prouve entre beaucoup d'autres que nos mines métalliques ne sont pas épuisées, qu'elles peuvent voir renaître pour elles les beaux jours du passé, qu'elles peuvent lutter enfin et marcher de pair avec celles si fameuses de l'Angleterre et de l'Allemagne. Il suffit de vouloir, et d'unir au capital nécessaire pour les travaux l'intelligence, la patience et le courage qui mènent à bonne fin les affaires les plus difficiles.

N'oublions pas cependant que des entraves administratives sans nombre gênent en France l'essor de nos entreprises minérales, et que si toutes nos mines de houille sont à peu près exploitées, nous avons vu au contraire que presque aucune de nos mines métalliques ne l'est, tandis qu'elles furent jadis si productives. Il en résulte que la production des métaux autres que le fer, c'est-à-dire le cuivre, le plomb, l'argent, l'or, l'étain, l'antimoine, le zinc, le manganèse, est loin d'offrir en France (à part les deux derniers métaux d'application récente) un tableau aussi satisfaisant que dans les siècles passés. Encore moins ce tableau pourrait-il être opposé à celui de la production de nos houillères, de nos mines de fer et de nos usines sidérurgiques. Cependant le traitement du cuivre et celui du plomb et de l'argent va chez nous depuis quelques années en progression ascendante, mais nous tirons de l'étranger à l'état brut la plus grande partie des matières à élaborer.

Le nombre des ouvriers attachés à nos mines métalliques et à nos usines à métaux, est d'environ 6,000. Leur salaire moyen est de 3 fr. 50 par jour. Ces ouvriers sont loin d'être disciplinés comme ceux des houillères; il n'ont même pas les qualités qui distinguent encore ceux des usines à fer; ils sont surtout moins sédentaires, et il y a parmi eux beaucoup d'ouvriers étrangers. A Pontgibaud, par exemple, on rencontre des Allemands et des Anglais; à Vialas, on retrouve aussi des ouvriers d'origine allemande. Dans les usines à plomb de Marseille, il y a beaucoup d'Anglais, d'Espagnols. Dans les usines à zinc du Gard, des Belges; dans les mines des Alpes, des Piémontais. D'une force herculéenne, d'une habileté rare à manœuvrer la masse et le fleuret, les Piémontais sont difficiles à conduire, donnent sujet à beaucoup de plaintes, et souvent des rixes fâcheuses éclatent entre eux ou avec les autres ouvriers. On occupe, on garde ces travailleurs turbulents, car la tradition des mines métalliques et des usines à métaux s'est presque perdue chez nous, et il faut, pour exploiter le peu de ces mines et de ces usines que nous tenons ouvertes, aller souvent emprunter les ouvriers spéciaux au dehors. Mais ce ne sont pas des bras seulement, c'est la presque totalité des métaux usuels nécessaires à sa consommation, que la France va demander à l'étranger. Elle ne peut suffire à ses besoins que pour le fer. Cette infériorité s'explique par la raison que l'on a donnée, plutôt que par la situation difficile et l'allure géologique incertaine de nos gisements, qui sont ici ce qu'elles sont partout, et que l'on a souvent invoquées à tort comme une excuse. Encore moins pourrait-on arguer de l'épuisement des filons; l'histoire, on le sait, assigne d'autres causes à l'arrêt de nos exploitations. Cet état de choses est d'autant plus regrettable, que certains métaux, par exemple le cuivre et le plomb, ne sont pas moins indispensables que le fer à la défense des États, et qu'en temps de guerre, heureux sont les pays qui les retirent de leur propre sol.

Faisons donc des vœux pour que toutes les entraves administratives qui arrêtent l'exploitation des mines métalliques françaises disparaissent enfin sans retour. Le temps est venu de la liberté industrielle, à défaut de la liberté politique. Qu'on nous donne au moins la première, si l'on nous refuse encore la seconde. Nous ne demandons pas qu'on supprime la loi du 21 avril 1810. Cette loi qui régit nos exploitations minières, qui a créé notre propriété souterraine, mérite peut-être d'être conservée, et il faut, dans tous les cas, se garder de faire pire pour vouloir faire mieux. Bien que la meilleure loi des mines soit de n'en point avoir, comme nous disait un jour l'un de nos ingénieurs les plus expérimentés, il est juste de reconnaître que la loi de 1810, si elle était appliquée à la lettre, serait assez favorable à nos exploitations; mais elle a été surchargée, hérissée de détails et de sous-détails par l'administration elle-même; les circulaires se sont multipliées sans limites, apportant chaque fois une nouvelle mesure restrictive et paralysant de plus en plus la liberté industrielle. Le but du législateur a été méconnu, et au lieu de favoriser l'essor de nos exploitations, l'administration n'a tendu qu'à l'arrêter. On a vu l'instruction de demandes en concession durer jusqu'à huit et dix ans; les demandeurs, dégoûtés d'attendre, ont porté leurs capitaux ailleurs. Devant la trop grande sollicitude de l'administration, les chercheurs de mines n'ont plus jeté les yeux que sur celles de l'étranger; ils n'étaient déjà que trop enclins à aller fouiller ces lointains filons, *omne longinquum pro magnifico est*. Ce sont tous ces inconvénients qu'il s'agit de faire disparaître en établissant, au moins en matière d'industrie minérale, la prompte expédition des affaires, la décentralisation administrative la plus large et la plus complète.

On verra peut-être alors nos mines revenir aux glorieuses traditions de leur passé, et la France aura encore comme jadis des modèles d'exploitations métallurgiques à montrer à l'étranger. L'Allemagne et l'Angleterre ne sont pas les seules contrées classiques des filons ; de riches et nombreuses veines, traversant nos principales montagnes, existent aussi chez nous. La race germaine, la race saxonne ne sont pas les seules propres au travail des mines et des métaux. Nous prouvons, par les succès brillants obtenus dans nos houillères et nos usines sidérurgiques, que nous sommes également aptes à cette industrie. Sur ce point, comme sur tant d'autres, notre vieille race gauloise ne démérite pas. Si elle faiblit, si elle succombe par moments, c'est quand les entraves administratives la gênent. Que le gouvernement fasse disparaître enfin ces entraves, cette *foule de règlements restrictifs*, comme les appelait l'Empereur lui-même dans sa fameuse lettre au ministre d'État en date du 5 janvier 1860, et grâce à la spontanéité et à la souplesse de l'esprit national, nos mines métalliques deviendront de nouveau prospères, comme à tant d'époques de notre histoire.

Paris. — Imprimerie P.-A. Bourdier et Cie, 6, rue des Poitevins.

www.ingramcontent.com/pod-product-compliance
Ingram Content Group UK Ltd.
Pitfield, Milton Keynes, MK11 3LW, UK
UKHW022152170726
13837UKWH00004B/1939